LA EPISIOTOMÍA:
¿Una técnica a extinguir?

MANUAL PARA MATRONAS Y PERSONAL SANITARIO

Gustavo A. Silva Muñoz

Mª Luisa Alcón Rodríguez

Patricia Álvarez Holgado

© Autores: *Gustavo A. Silva Muñoz, Mª Luisa Alcón Rodríguez, Patricia Álvarez Holgado.*

© por los textos: Servando J. Cros Otero, Estefanía Castillo Castro, Mª José Barbosa Chaves.

LA EPISIOTOMÍA:¿Una técnica a extinguir?

28 de Octubre de 2012

ISBN: 978-1-291-15628-7

1ª Edición

Impreso en España / Printed in Spain

Publicado por Lulú

INDICE

CAPÍTULO 1: 7

Definición. Antecedentes históricos

Autores: Gustavo A. Silva Muñoz, Servando J. Cros Otero, , Mª Luisa Alcón Rodríguez.

CAPÍTULO 2: 9

Anatomía del suelo pélvico. Tipos de episiotomía. Ventajas e inconvenientes.

Autores: Servando J. Cros Otero, Patricia Álvarez Holgado, Estefanía Castillo Castro.

CAPÍTULO 3: 16

Indicaciones. Complicaciones.

Autores: Mª José Barbosa Chaves, Servando J. Cros Otero, Estefanía Castillo Castro.

CAPÍTULO 4: 22

Episiorrafia. Cuidados post-episiotomía. Recomendaciones de la OMS.

Autores: Gustavo A. Silva Muñoz, Patricia Álvarez Holgado, Mª José Barbosa Chaves.

CAPÍTULO 5: 28

Revisiones bibliográficas

Autores: Mª José Barbosa Chaves, Estefanía Castillo Castro, Mª Luisa Alcón Rodríguez.

BIBLIOGRAFÍA. 32

CAPÍTULO 1

DEFINICIÓN

Episiotomía: Es la incisión quirúrgica del periné que, efectuada durante el parto, aumenta el orificio vulvar y facilita la salida del feto al exterior. Su objetivo es triple:

- ❏ Acortar el periodo expulsivo y reducir la morbilidad fetal.
- ❏ Evitar desgarros perineales
- ❏ Prevenir el prolapso genital y la incontinencia urinaria.

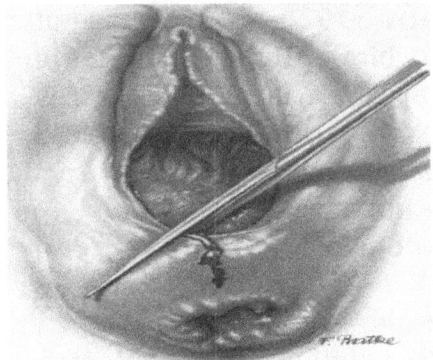

HISTORIA

Etimológicamente episiotomía significa "cortar el pubis" y procede del griego EPISEION (pubis) y TEMNO (cortar). También llamada perineotomía.

Sir Fielding Ould fue el 1º en realizar ésta técnica en Irlanda (1742) para disminuir la resistencia perineal y favorecer la expulsión del feto.

Su mayor auge se alcanzó a principios del S.XX, cuando Pomeroy y DeLee publicaron artículos sobre ésta técnica, pero debido a la ausencia de anestesia y a la alta morbilidad infecciosa no tuvo gran aceptación en la comunidad obstétrica.

Entre 1920 y 1930 la alta tasa de morbimortalidad perinatal junto con la mayor frecuencia de partos en medios hospitalarios establecieron el uso sistemático de la episiotomía, aun sin demostrar seguridad ni efecto beneficioso.

Desde entonces ha sido uno de los procedimientos quirúrgicos más frecuentemente utilizados.

CAPÍTULO 2

ANATOMÍA SUELO PÉLVICO
PLANO SUPERFICIAL

- Músculo bulbocavernoso: Rodea al bulbo de la vagina y del clítoris. Sus haces terminan en el núcleo tendinoso del periné. Participa en la micción y erección del clítoris.

- Músculo isquiocavernoso: Rodea a los labios mayores y participa en la micción y erección del clítoris.

- Músculo transverso superficial del periné: Sus haces terminan en el núcleo tendinoso del periné. Se encuentra transversalmente a la vagina a ambos lados y participa en la micción y erección del clítoris.

- Músculo esfinter externo del ano: Formado por fibras orbiculares que rodean al ano. Se encuentra en continua contracción tónica para evitar la pérdida involuntaria de heces. Participa en el control fecal.

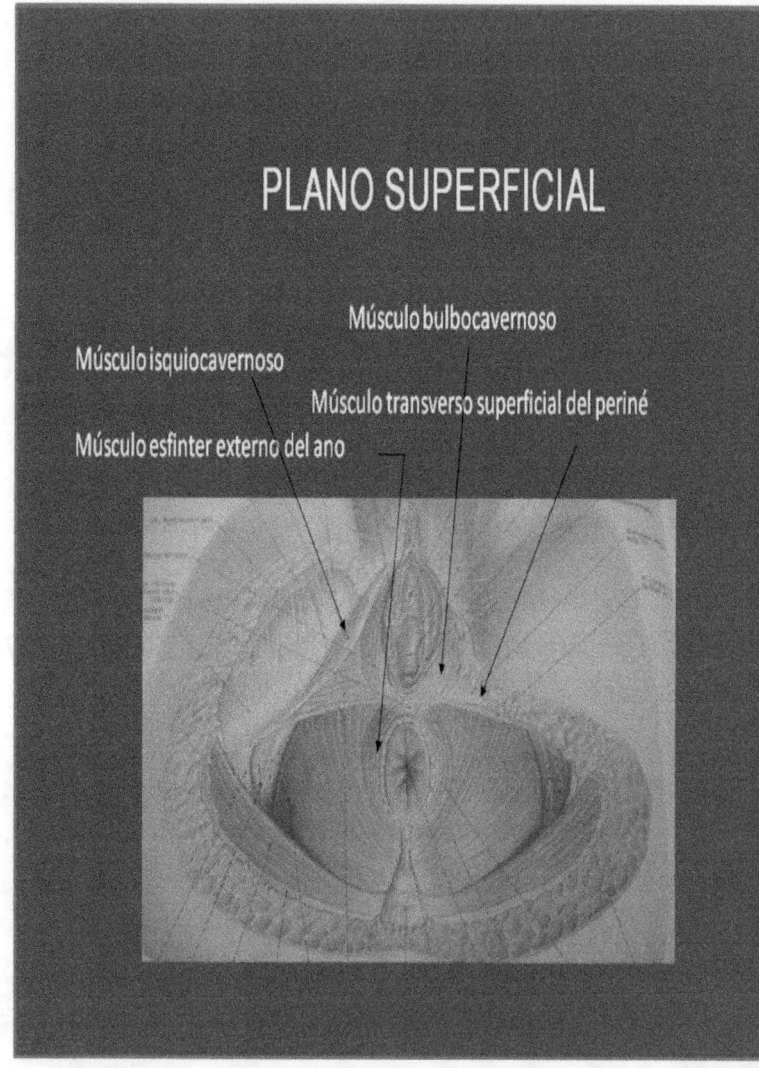

ANATOMÍA SUELO PÉLVICO
PLANO PROFUNDO

- Músculo elevador del ano: Amplio diafragma que dispone abertura para la uretra, vagina y recto. Formado por 3 fascículos (pubococcígeo, iliococcígeo y puborectal). Inervado por la 3ª raiz sacra y algunas fibras del nervio pudendo.

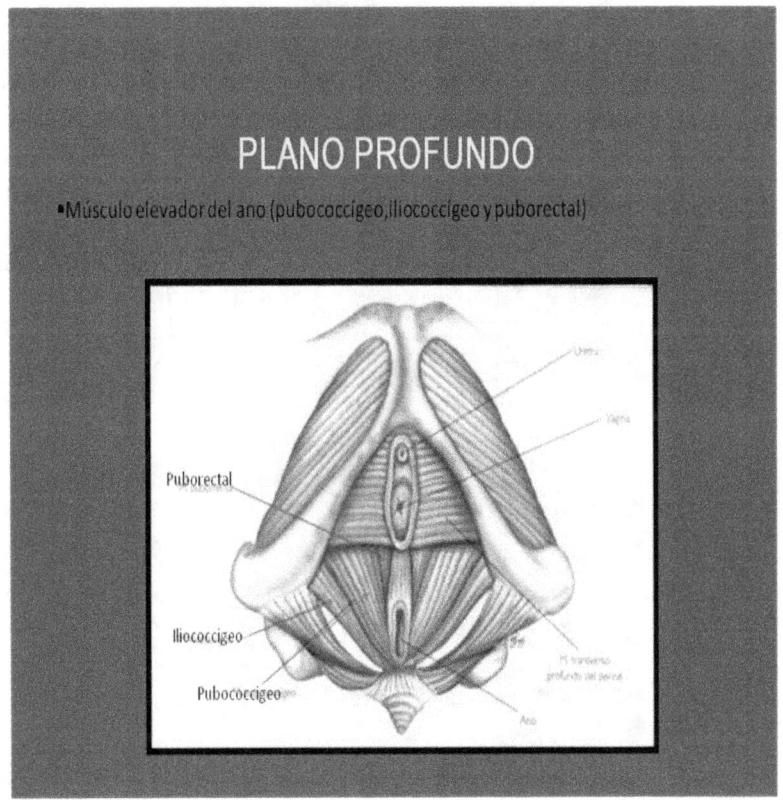

- **Músculo transverso profundo del periné:** Por debajo del transverso superficial, y tiene una función estabilizadora y de mantenimiento del tono del suelo pélvico.

- **Núcleo tendinoso del periné o Rafe medio:** Formado por fibras musculares lisas y por componentes tendinosos estriados.

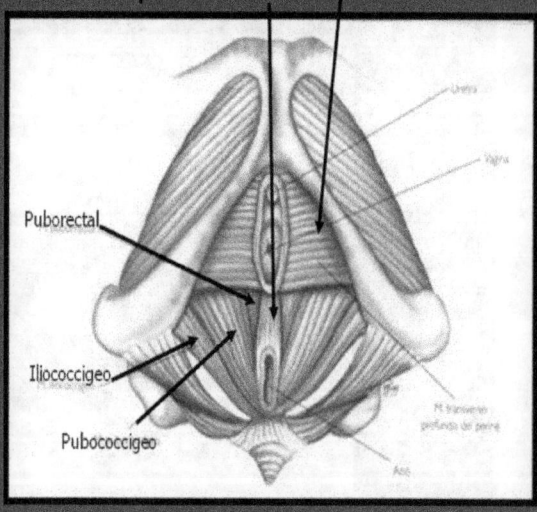

TIPOS DE EPISIOTOMÍA

EPISIOTOMIA MEDIO - LATERAL:

También llamada diagonal. Se inicia en el centro de la horquilla vulvar y se dirige oblicuamente hacia el isquion en un ángulo de 45º, alejándose del ano. Puede ser derecha o izquierda. Es la más utilizada (Dcha).

♦ VENTAJAS
1. Proporciona buena ampliación vaginal
2. Escasos desgarros anales y rectales (Tipo III - IV)

♦ INCOVENIENTES
1. Hemorragia abundante
2. Dolor puerperal y dispareunia
3. Cicatrización difícil

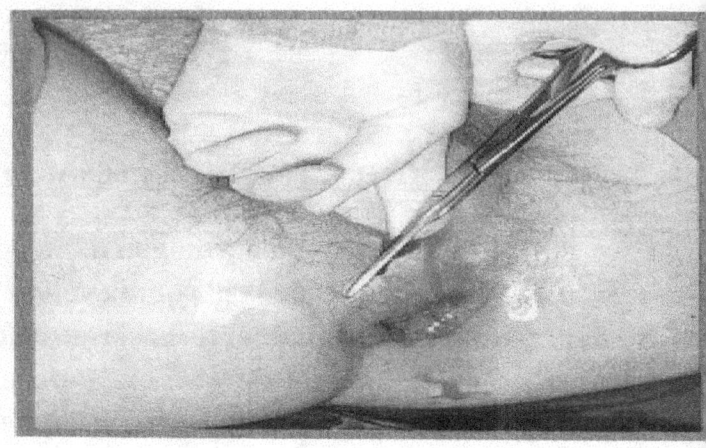

MÚSCULOS AFECTADOS:

Bulbocavernoso, transverso superficial periné y haces puborectales del elevador ano.

EPISIOTOMIA MEDIA:

Se inicia en el punto central de la horquilla vulvar y se dirige hacia el esfínter anal en sentido vertical, por el rafe perineal.

♦ VENTAJAS
1. Fácil de realizar y reparar
2. Buena cicatrización

3. Poco dolor
4. Escasa hemorragia
   ♦ INCOVENIENTES

Desgarros anales y rectales (tipo III y IV)

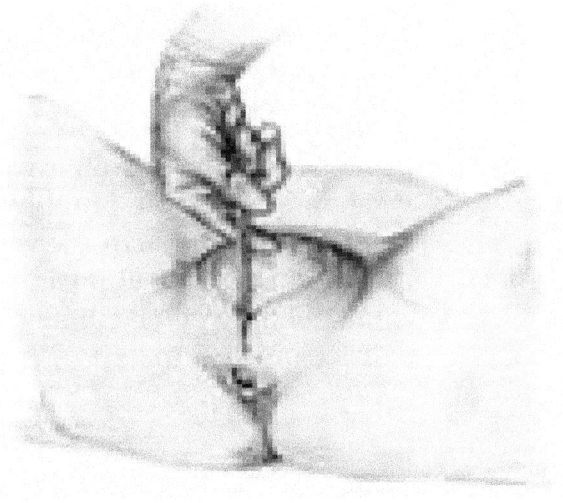

MÚSCULOS AFECTADOS: Núcleo tendinoso del periné o rafe medio.

CAPÍTULO 3:

Indicaciones. Complicaciones

INDICACIONES

1. **Cooperación en la operación obstétrica**: en determinados procedimientos obstétricos (forceps, vacuum, distocia de hombros y ayuda manual en el parto de nalgas) se utiliza para evitar el posible daño del canal blando y facilitar la rápida extracción del feto.

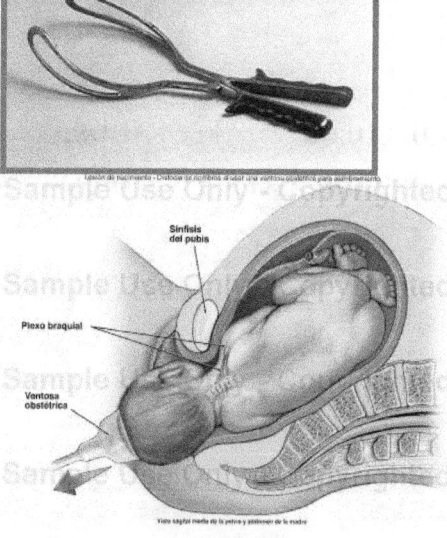

2. <u>Por problemas fetales:</u> Se utiliza de forma preventiva para proporcionar una rápida expulsión, evitando la posibilidad de anoxia fetal, como en el caso de periodos expulsivos alargados, macrosomías fetales, presentaciones cefálicas deflexionadas y podálicas y/o sospecha de hipoxia fetal.

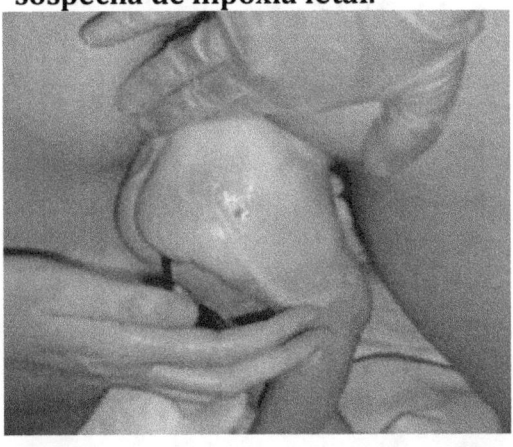

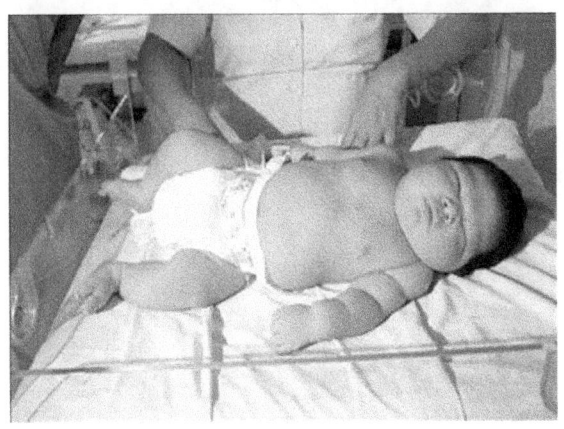

3. <u>Por problemas maternos:</u> Es necesario realizarla en caso de periné rígido o corto, parto precipitado, urgencia materna y/o desgarro perineal inminente.

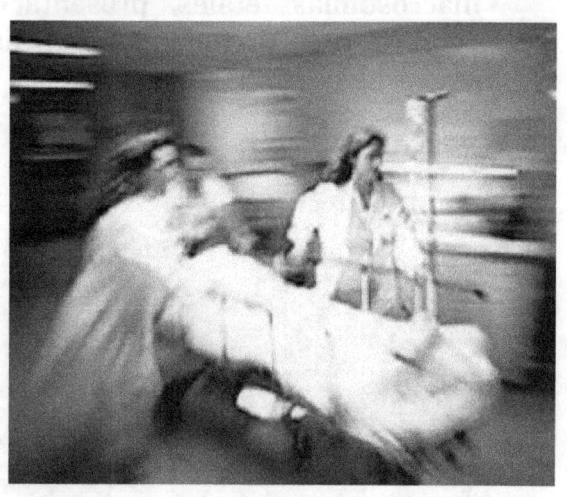

MOMENTO DE REALIZARLA

Se deberá realizar en el momento más adecuado optimizando los beneficios que conlleven su realización.

- ❏ Si se realiza de forma tardía, cuando la cabeza fetal está a punto de desprenderse, el probable estiramiento del tejido y la lesión músculo nerviosa ya se habrán producido.
- ❏ Si se realiza de forma muy precoz, la hemorragia puede ser considerable.

Se introducen los dedos índice y medio para proteger el feto y se realiza el corte

Cuando el parto es eutócico, el momento más adecuado para realizarla es cuando la cabeza fetal es visible en el introito vulvar, con un diámetro de 3 – 4 cm. y siempre durante una contracción, para enmascarar el dolor.

Una vez realizada se debe proteger el periné para evitar desgarros mayores.

COMPLICACIONES

Hematoma perineal
- ✓ Cuando no se realiza hemostasia adecuada, y se dejan vasos sanguíneos sin suturar.
- ✓ Mas frecuente en las primeras 24h.
- ✓ Mas frecuente en la episiotomía medio-lateral (se seccionan músculos importantes)

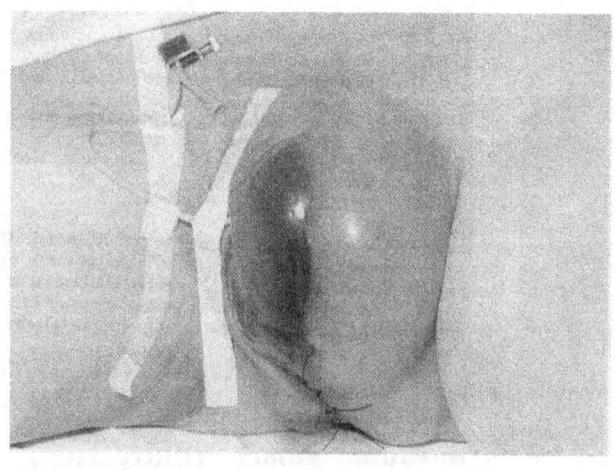

Dehiscencia perineal
- ✓ Fallo total o parcial del material de sutura de la episiorrafia (sutura incorrecta, en mal estado o inapropiada)

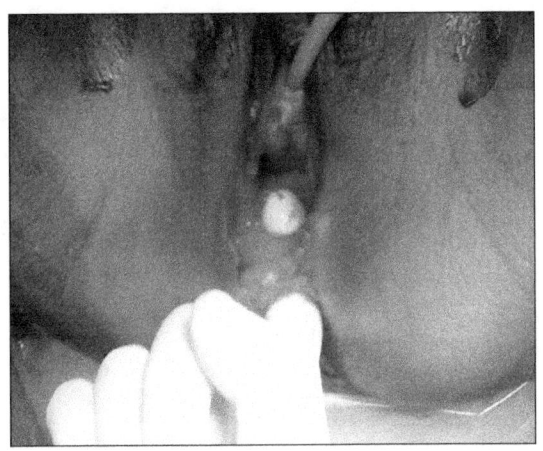

Infección perineal
- ✓ Aparece en el 0,5-3% de los casos
- ✓ Se puede observar la salida de líquido seroso-purulento, con acompañamiento de fiebre
- ✓ Se da cuando se realiza una sutura aséptica o defectuosa y en partos instrumentales

Otros:
Dolor perineal, hemorragia, edema e induración alrededor de la herida, fístulas rectovaginales.

CAPÍTULO 4:

Episiorrafia.
Cuidados post-episiotomía.
Recomendaciones de la OMS

EPISIORRAFIA

<u>Definición:</u> Reparación de la herida dejada por la episiotomía mediante el uso de suturas

La reparación del periné se basa en 3 principios:
- ✓ Identificar estructuras afectadas
- ✓ Constatar de no dejar espacios muertos
- ✓ Aproximar las diferentes capas anatómicas.

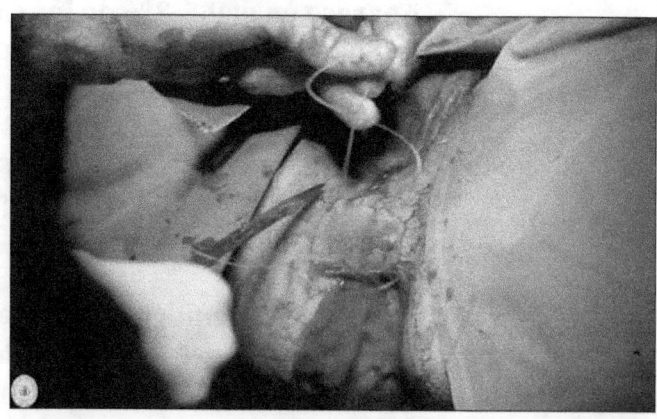

Reparación: debe ser lo más anatómica posible, para restituir la función muscular normal y evitar cicatrices defectuosas. Recomendada realizarla una vez que ha salido la placenta

1. En forma continua se cierra la mucosa y submucosa vaginal

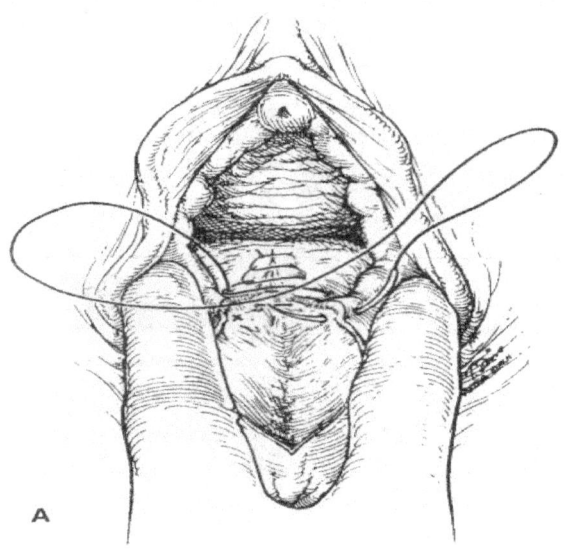

2. A continuación se sutura (continua-discontinua) la aponeurosis y el músculo del periné incidido

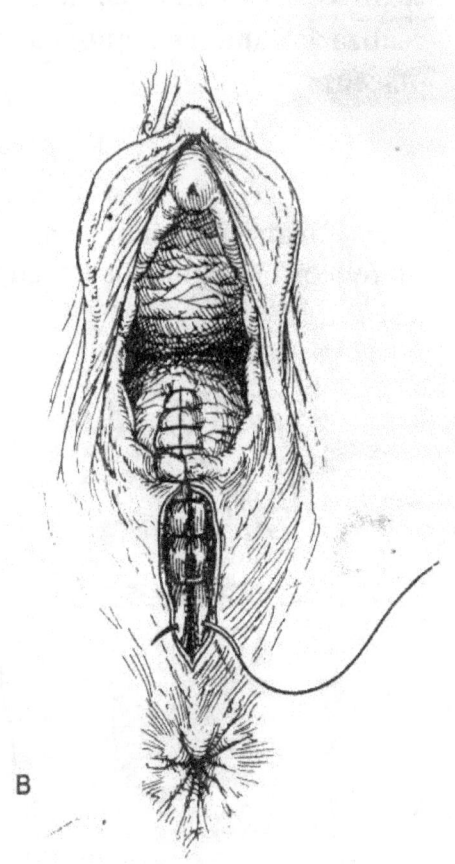

B

3. Al final se sutura con puntos simples la piel y aponeurosis subcutánea sin apretarlos.

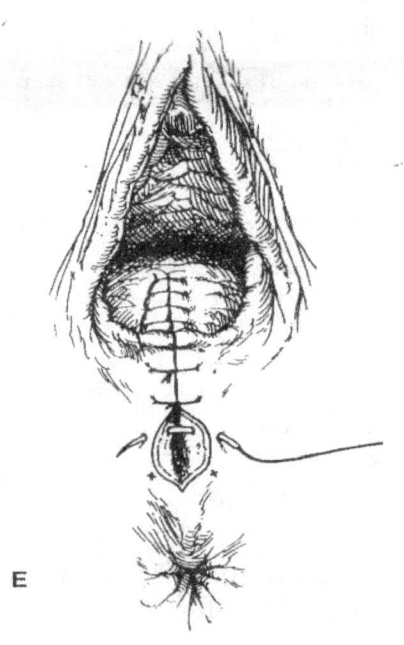

E

Se debe suturar la episiotomía por planos para poder recuperar la función muscular normal, y siempre debemos realizar una verificación de la permeabilidad del recto, para no dejar fistulas vagino-rectales.

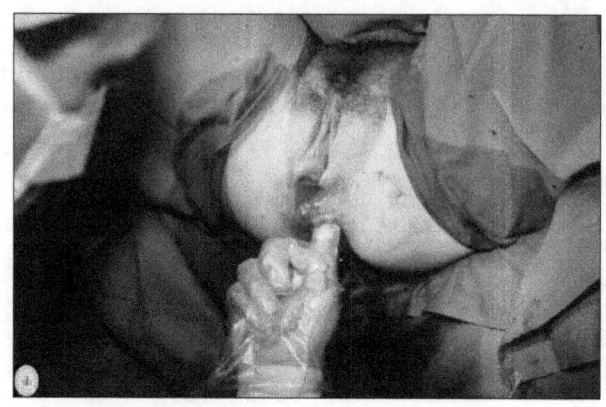

CUIDADOS POST-EPISIOTOMÍA

✓ Inspección diaria de la herida quirúrgica y aplicación de medidas de asepsia.
✓ Lavados con agua estéril dos veces al día y si aparece edema, la aplicación local de hielo puede reducir su tamaño y disminuir las molestias
✓ Si las molestias son importantes, estará indicada la aplicación de analgésicos locales o por vía sistemática
✓ Dieta sana y equilibrada, y si hay estreñimiento utilizar laxantes suaves

RECOMENDACIONES DE LA OMS:

En España se realiza una episiotomía en más del 70% de todos los partos.

OMS

✓ Una tasa superior al 20-30% no estaría justificada e incluso podría ser perjudicial
✓ Por lo que se refiere a la episiotomía, en su clasificación de las prácticas en el parto normal, incluye la episiotomía rutinaria entre las formas de cuidado que deberían abandonarse

CAPÍTULO 5:

Revisiones bibliográficas

REVISIÓN BIBLIOGRÁFICA

Revisando algunas bases de datos encontramos artículos de importante relevancia sobre dicha técnica, los cuales exponemos a continuación, y nos servirán de orientación para plantearnos si ésta es aconsejable o no;

1. Pubmed – MESH, Mayo 2005 (5001 participantes)
   Objetivos: Revisar sistemáticamente los resultados maternos de la episiotomía rutinaria Vs episiotomía restrictiva

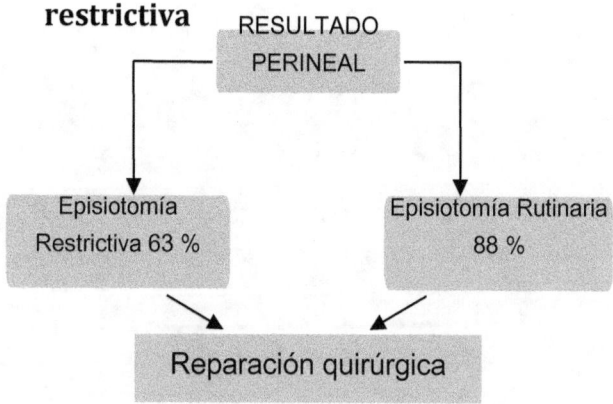

El dolor y complicaciones en la cicatrización, fue menos frecuente en el grupo restrictivo.

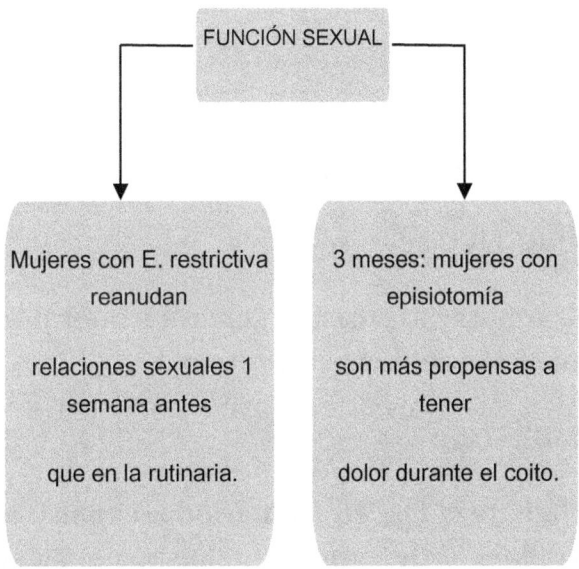

CONCLUSIONES:

Esta revisión no encuentra beneficios sobre el uso de la episiotomía rutinaria y los resultados están más a favor de la Restrictiva.

La calidad de la atención a la parturienta debe centrarse en optimizar la seguridad para el bebé y reducir al mínimo el daño a la madre.

2. Cochrane Library Plus, Abril 2003

OBJETIVOS:

Comparar la posición vertical o lateral con la posición supina o de litotomía

MUESTRA:

Embarazadas en el periodo expulsivo del trabajo de parto. Ensayo aleatorio controlado

RESULTADO:

En la posición vertical/lateral, se observó:

- Menor duración del periodo expulsivo (4,29 min.)
- Reducción de partos asistidos
- Menor nº de episiotomías
- Menos dolor en expulsivo
- Más desgarros de II grado
- Mayor pérdida hemática (>500ml)

CONCLUSIONES:

Esta revisión sugiere numerosos beneficios para la posición vertical/lateral. Estimular a las mujeres a que tengan su parto en la posición más cómoda para ellas.

BIBLIOGRAFÍA

- ✓ Carroli G, Belizan J. Episiotomy for vaginal birth. The Cochrane Library 2002;Issue 2.
- ✓ Gupta JK, Hofmeyr GJ. Posición de la mujer durante el periodo expulsivo del trabajo de parto. The Cocchrane Library Plus 2008;
- ✓ Flynn P, Franiek J; How can second-stage management prevent perineal trauma? 1997, Pubmed-indexed for MEDLINE
- ✓ JAMA "Outcomes of routine Episiiotomy: A Systematic Review, 2005
- ✓ PUBMED-MESH
- ✓ The Cochrane Library Plus
- ✓ Glosa, S.L- episiotomía:Incidencias y cuidados (Hospital La Paz)
- ✓ Recomendaciones OMS y SEGO

www.ingramcontent.com/pod-product-compliance
Lightning Source LLC
Chambersburg PA
CBHW072310170526
45158CB00003BA/1258